二〇一二

爱尚低碳……

LOW CARBON LIFE

中信银行

CHINA CITIC BANK

全国统一客服热线

95558

http://bank.ecitic.com

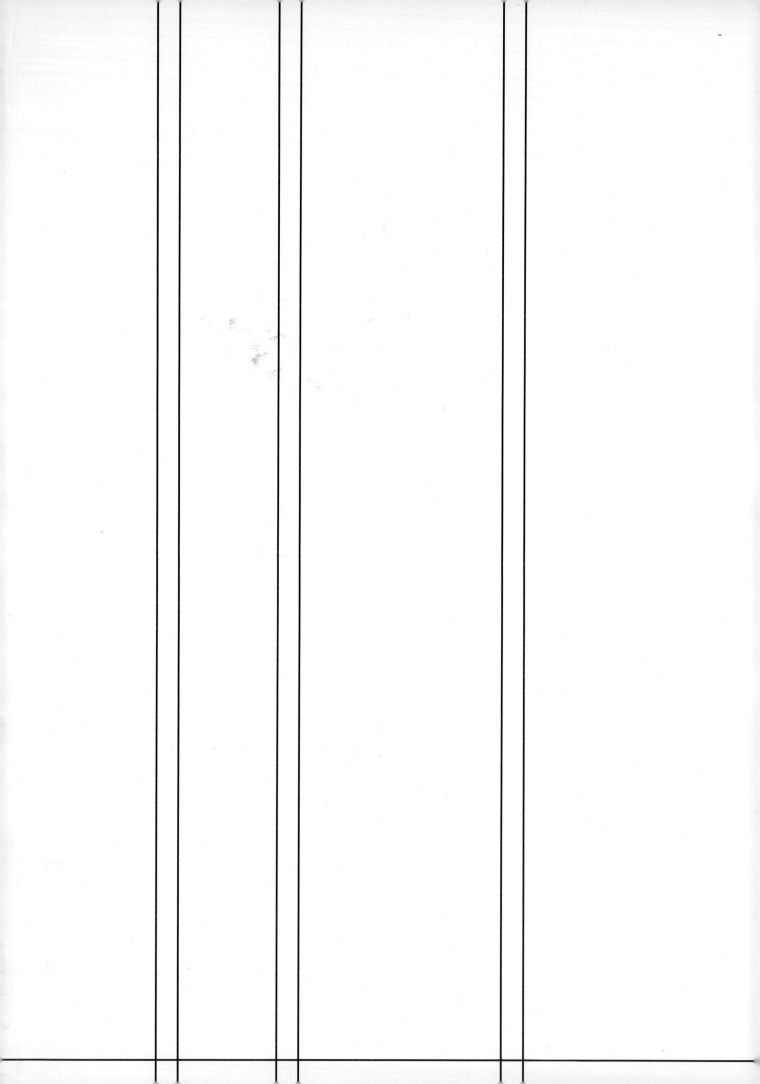

山西省第三次全国文物普查丛书

运城民居

YUN CHENG MIN JU

钟龙刚 主编

山西出版传媒集团
三晋出版社

《运城民居》编纂委员会

总　序
ZONGXU

　　欣闻《山西省第三次全国文物普查丛书》即将付梓，编辑同志让我写几句话。很好的事情，我欣然应允！

　　从 2007 年 4 月开始的第三次全国文物普查，今年已是收官之年了。几年来，在各级党委、政府的高度重视和大力支持下，全省 1500 余名普查队员，兀兀四面追索，孳孳八方寻觅，足迹踏遍了全省 15.6 万平方公里土地，调查到达率、覆盖率均为 100%，共登录不可移动文物 53875 处，其中新发现 36365 处，比之上世纪 80 年代开展的"二普"总量增加了两倍。新发现的大量古文化遗址、古墓葬、古建筑和近现代重要史迹，极大地丰富了山西的文化遗产宝库。尤其是那些数量可观的文化遗产新类型，以其鲜明的时代特征和强烈的可参与性，见证了社会变迁、经济发展和生活进步，凸显了"为了明天，保护今天"的文化遗产保护新理念。

　　同时令我们深感欣慰的是，作为新世纪对文化遗产事业的一次大检阅、对文化遗产队伍的一次大练兵，这场规模浩大的文物普查，为山西文化遗产事业的繁荣发展，培养了一支作风正、业务精的队伍。

　　大地无语，却在自己宽广的胸怀里，铭刻着文物普查那一幕幕不逝的记忆，吸纳了普查队员那一滴滴辛勤的汗水……今天，这些难忘而珍贵的经历，已经凝聚成这套丛书。透过书里一幅幅图页，会感触到普查队员们跋山涉水、风餐露宿的历程，触摸到文博人甘耐寂寞、珍爱遗产的情志：肩负重托的荣耀，履行使命的激情，缜密探寻的艰辛，倾心发现的兴奋，赢得成果的喜庆，鼓荡人心的风采。

文化遗产是一个极富活力和魅力的神奇世界，它的贮藏、它的蕴含，是人类历史创造的智慧结晶，更是人类未来进步的营养宝库。从这个意义上讲，我们应该把文化遗产奉若神明，尊重它、敬畏它。无论是古代遗址，还是近代优秀建筑，无论是单体文物，还是成片历史古迹，都应像保护我们的身体一样保护其本体及其依存的生态和人文环境，这不仅是经济社会发展的客观要求，也是历史赋予我们的神圣责任。

寻找与守望，是我们文化遗产工作者的生命轨迹和精神归宿，其光彩也昭昭，征途也漫漫，蕴含着太多的挚爱与忠贞，凝聚着太多的坚毅与持守……为了让更多的人了解山西的文化遗产，了解山西的历史和文明，省"三普"办和各市"三普"办组织编写了这套丛书。感谢普查队员，他们以自己的生命和年华，用自己的心血和汗水，做了一件平凡而又伟大的事。

是为序。

王建武

2011年7月于并州

序

XU

　　运城市历史悠久,自古以来经济富庶,文化发达。运城的民风民俗、生活习惯都具有浓郁的地域特色。运城民居作为该地区的传统文化载体,受其自然环境与社会文化影响而形成其特有的布局、建筑风格、雕饰和制作手法。总结和研究传统民居的聚落、布局、建筑、装饰等对研究当地的历史、民俗、社会组织构成等都有一定的帮助,更是传承、保护历史文化遗产的必须工作,同时在转型、跨越发展的新阶段,对以文物为载体,大力发展文化文物旅游产业,能起到一定的促进作用。

　　《运城民居》的编撰是以第三次全国文物普查中运城市范围内发现登录的1600余处传统民居为基础。这些民居各具特色,是中国建筑史的重要组成部分,也是中国传统文化的宝贵财富。迄今为止,这批珍贵资料尚未有人进行整理工作。为弥补运城民居研究的空白,运城市文物工作站组织专门编写组对这些民居进行了整理研究,讨论研究入选名单,力求选入的民居能够体现运城民居的特点和精华。录入本书的民居数量由最初拟选的50~60处最后增加至170处,但仍有部分虽然精美,但特点雷同的民居无法录入。本书图片为求精美,专门聘请了三位专业摄影者,不辞辛苦进行拍摄。在实地查看和拍摄过程中,我们发现大多民居的保存现状仍然较好,但前景不容乐观,仍有人居住的房屋面临改造、改变形制的情况,荒弃多年的民居面临坍塌被盗的危险,怎样解决传统民居的

保护问题仍需探索研究。

　　本书的出版是山西省、运城市"三普"工作部分成果的展示，是按照山西省"三普办"、山西省文物资料信息中心和运城市"三普办"的部署进行的一项工作。由于编著水平有限，难免会有差漏之处，请社会各界专家、读者批评指正，并请谅解。

李　波

2011 年 7 月

前 言
QIANYAN

　　运城市位居山西省南部，与陕西、河南两省隔黄河相望。全市辖1区、2市、10县、3个省级开发区，面积1.4万平方千米，人口500多万，是山西的农业大市、新兴工业大市及文物大市。

　　运城市历史悠久，是中华民族的发祥地之一。这里是最早称"中国"的地方，"华夏"之称也源于这里。垣曲发现的曙猿化石把人类进化的历史追溯到4000万年前；西侯度遗址出土的烧骨和石器把人类用火的历史推到了180万年前。尧、舜、禹均曾在此建都。历史上，黄帝战蚩尤、嫘祖养蚕、舜耕历山、禹凿龙门、后稷稼穑的故事也发生在这里。

　　运城市特殊的地理环境和深厚的历史渊源，造就了运城丰富多彩的人文景观。据统计，在第三次全国文物普查活动中，运城市共登录不可移动文物6729处，其中国家级文物保护单位44处，省级文物保护单位92处，市级文物保护单位37处，体现着运城作为文物大市的文化底蕴。

　　运城市地处黄河中游、汾河下游，北依峨嵋岭，西至黄河岸，东部和南部以中条山为界，形成了运城盆地。地形有山地、丘陵、盆地。这里地处半干旱、半湿润季风气候区，属温带大陆性气候，四季分明，雨热同期，干冷同季。运城盐池是中国最早的盐业基地，盐池的开发利用已有4000余年的历史。

　　运城市历史悠久，晋南、豫西是中华远古文明的核心区域，各种文化相互融合,浑然一体,构成了一个整体性的地域文化,号称中原文化。运城民居深受中原文化的影响,处处体现着中原文化的内涵、封建礼制的等级观念、重农轻商的农耕思想、崇文致仕的传统观念及心态等。

因其自然环境与人文环境的特点,运城民居类型多样,依照建造地形,一般分为平原民居与山区民居两种类型。平原民居以砖木结构的四合院、三合院为多;山区民居以窑洞院落为主,窑洞又分为接崖窑院和地窨院。接崖窑院就是依沟壑、山崖开院掘窑。地窨院也称之为地坑院,一般长和宽多为三四十米,深十多米。其建造方法是选择一块平坦的地方,从上而下挖一个天井似的深坑,形成露天场院,然后在坑壁上掏成正窑和左右侧窑,再在院角开挖一条长长的上下斜向的门洞,院门就在门洞的上端。一般向阳窑洞住人,两侧窑洞则堆放杂物或饲养牲畜。由地窨院组成的村落往往不易发现,"上山不见山,入村不见村",鸡犬相闻、人声嘈杂却互不相见。地窨院是独具黄土高原风格的民居类型,主要分布在运城市平陆县,芮城县、闻喜县、万荣县等也有地窨院。

平原民居中普通庄户人家多在院落建一面或二面房,形成"一"字或"L"形院落;较富裕的人家才建三合院或四合院,一般以单檐硬山顶为主,也有较豪华的"四檐八滴水",即四面建双坡顶房屋,围合成四合院。名门望族或经商做官之家,经济实力雄厚,社会地位较高,逐渐形成家族大院,这些院落形制严整,规模宏大,代表了晋南民居的最高水平。这些民居多由一至两座甚至多座四合院组成。民居大门是主人身份的象征,门楼雄伟,装饰讲究,大门的门基往往要抬高,设置许多台阶,显示其宏伟高大。大门门口有石狮子立于两侧或装饰有门墩石。进门对面有影壁,影壁内容丰富多彩,均反映乡村民俗及居住者的思想和心态。院落布局讲究,正房、东厢房、西厢房和南房均主次分明、尊卑有序,正房为尊,两厢次之,倒座为宾。各房规模尺度严谨,装饰亦有分别。正房体量最大,也为装饰重点,檐下有彩绘或精美木雕;厢房与倒座装饰朴素,庄严典雅。屋顶多为硬山坡顶,起隔热及排水作用。山墙多采用五花山墙式样,又叫防火墙,既美观又有防火功能。

运城民居还遗存有十分精美的砖雕、石雕、木雕及内容丰富的匾额、对联,这些精美的雕饰不仅具有极高的艺术价值,其题材内容反映了这一时期的社会价值观念和人文思想。

我们根据运城民居的这些特点,按照"院落集聚"、"特色民居"、"名人故居"、"门楼影壁"、"精美雕饰"、"门楣额题"六部分进行归纳,其目的是使读者能够对运城民居有一定的直观了解,既能够了解哪些院落保存相对完好,又能够了解当地特色民居的保存状况。整体不完整但局部特点明显的,录入"门楼影壁"、"精美雕饰"、"门楣额题"等部分中,以使更多的古民居建筑及其雕刻精美的构件能够让更多人看到、了解到。

光村古村落保存有古民居 30 余处,村内还有福胜寺等国家级和省级文物保护单位,新绛县已经着手总体规划和保护利用,不久必将为更多世人关注;河津贺天福民居总体为四合院布局,又是接崖窑院,前屋后窑,并有下人院,布局规整,规模宏大,做工精细,保存完好,实为难得;平陆王文平地窨院保存完整,沿用至今,十分可贵。此外,运城市更保存有李雪峰等老一辈无产阶级革命家及其他历史名人的故居,虽年久失修,但主要建筑及布局仍在。河津北方平 2 号民居有两门三影壁,其中两座影壁一为福一为喜,并有"作事惟勤有获,持家从俭足风"门楣文字,充分体现了运城民居的人文特色。民居额题内容丰富,有朴素做人之道的,如平为福;有雅士吟风的,如含清晖、松竹吟;又有天伦桑事、凝景福等,体现人们向往安居乐业的生活追求。多数民居均有砖雕、木雕、石雕,工艺精美,题材传统典型,极具借鉴及研究价值。

本书较全面地展示了运城现存民居的状况及精华,并对不同形态与风格的民居予以介绍。希望通过本书的出版能够使读者对运城民居有一定的认识,并能够对将来更好地保护、传承和利用这一重要文化遗存有所帮助。也借此机会向所有第三次全国文物普查的工作者及关注、支持、帮助文物保护事业的人们表示真挚的感谢!

目 录
MULU

【院落集聚】

新绛光村民居群

赵氏 1 号宅院 / 002

蔺氏 1 号门楼 / 004

蔺氏 2 号门楼 / 005

蔺氏 3 号宅院 / 006

蔺于淳老宅 / 007

薛氏 3 号宅院门楼 / 008

薛氏 4 号宅院 / 009

高氏宅院 / 011

新绛龙兴镇民居群

安子巷 1 号民居 / 013

安子巷 3 号民居 / 014

安子巷 5 号民居 / 015

安子巷 10 号民居 / 016

安子巷 33 号民居 / 016

安子巷 13 号民居 / 017

乔家民居 / 018

侯选州老宅 / 020

木匠巷梁氏宅院 / 021

新绛西庄家氏民居群

西庄家氏 1 号宅院 / 022

西庄家氏 2 号宅院 / 024

西庄家氏 3 号宅院 / 026

垣曲上圪坂村民居群

上圪坂村 1 号民居 / 029

上圪坂村 2 号民居 / 032

上圪坂村 3 号民居 / 033

万荣李家大院

李家大院内景 / 035

李家大院门楼影壁 / 036

李家大院门楹额题 / 038

李家大院精美雕饰 / 039

【特色民居】

河津贺天福老宅 / 042

稷山杨赵罗家大院 / 044

稷山马跑泉韩氏民宅 / 045

稷山北辛庄崔氏民宅 / 046

绛县徐庚辛宅院 / 048

绛县柴家坡 2 号民居 / 050

绛县北牛陈氏宅院 / 051

绛县周家庄周氏宅院 / 052

绛县聂氏宅院 / 053

绛县吉峪 4 号民居 / 054

绛县槐泉 5 号民居 / 056

绛县英雄楼 / 058

临猗王东顺宅院 / 059

临猗王万年宅院 / 060

平陆岭后地窨院 / 061

平陆王文平地窨院 / 062

万荣东畅赵氏宅院 / 064

闻喜上宽峪 4 号民居 / 066

闻喜康村 5 号民居 / 067

闻喜张鸿飞宅院 / 070

闻喜赵邦选宅院 / 072

新绛毛毓秀老宅 / 073

夏县窑泉贾氏宅院 / 074

【名人故居】

稷山朱德路居 / 076

临猗傅作义故居 / 077

盐湖程子华故居 / 078

永济李雪峰故居 / 079

新绛康万十老宅 / 080

新绛李通故居 / 081

临猗朱锡章故居 / 082

平陆张籁老宅 / 084

绛县陈梦月宅院 / 085

绛县探花府 / 086

芮城景耀月故居 / 088

垣曲裴丽生故居 / 091

闻喜崔斗臣故居 / 091

闻喜王必友故居 / 092

盐湖李岐山故居 / 094

永济阎敬铭别墅 / 095

永济孟时芳宅院 / 096

【门楼影壁】

河津北方平 2 号民居 / 098

河津北方平 3 号民居 / 099

河津樊村堡 2 号民居 / 100

稷山南翟黄氏宅院 / 101

稷山秦家庄杜氏宅院车门 / 102

稷山坞堆王氏民宅 2 号院 / 103

稷山宁其聪民宅 / 104

稷山任廷杰民宅 / 105

绛县郭家庄 3 号民居 / 106

绛县南官庄 1 号民居 / 107

绛县李得春宅院 / 108

绛县郝培元宅院 / 109

绛县高文元宅院 / 110

绛县下柏村高氏宅院 / 111

绛县贾宗润宅院 / 112

绛县东吴壁张氏宅院 / 113

临猗朱枫宸宅院 / 113

临猗王仁堂宅院 / 114

万荣张瓮李家村李氏宅院 / 115

万荣西解张氏宅院 / 116

闻喜东雷阳景氏宅院 / 117

闻喜康村 2 号民居 / 118

闻喜西雷阳 2 号民居 / 119

闻喜西颜 112 号民居 / 120

闻喜下官张 79 号民居 / 121

闻喜小马村 2 号民居 / 122

闻喜岳原 1 号民居 / 123

闻喜官张赵氏宅院 / 124

闻喜冯辉宅院 / 125

新绛辛安韩氏 3 号宅院 / 125

新绛王言老宅 / 126

新绛下院王氏 1 号宅院 / 127

新绛王廷秀老宅 / 128

新绛王作楫老宅 / 129

新绛刘峪张氏 1 号宅院 / 130

新绛张春登老宅 / 130

新绛樊村段氏 2 号宅院 / 131

新绛南社王氏宅院 / 132

盐湖三路里殷氏宅院 / 133

垣曲谭家村 1 号民居 / 133

垣曲西沟村 2 号民居 / 134

垣曲东石家宅院 / 135

垣曲前青村 3 号民居 / 135

垣曲西沟村 3 号民居 / 136

【精美雕饰】

砖雕

河津市樊村堡 11 号民居　门楼雕饰 / 138

河津市樊村堡 1 号民居　影壁砖雕花卉 / 139

稷山县北阳城段氏民宅 1 号院　土地神龛 / 139

芮城县杜庄村杨氏 2 号民居　土地神龛 / 139

闻喜县后堡头 3 号民居　土地神龛 / 140

闻喜县巨村雷氏宅院　土地神龛 / 140

新绛县宁采芸老宅　土地神龛 / 140

新绛县辛安韩氏 3 号宅院　土地神龛 / 140

木雕

盐湖区东郭葛氏宅院　罩门 / 141

河津市樊村堡 1 号民居　补间象头栱 / 141

绛县赵文元宅院　南房门窗隔扇 / 141

稷山县宁其聪民宅　正房明间隔扇和罩门 / 142

新绛县樊村段氏 3 号宅院　门楼木雕 / 143

新绛县冯古庄毛氏 3 号宅院　门楼木雕 / 143

新绛县冯古庄毛氏 3 号宅院"鼎盛平安"木雕 143

芮城县曹庄范氏民宅　门楼木雕 / 144

闻喜县后堡头 2 号民居　木雕 / 144

闻喜县后堡头 1 号民居　木雕 / 145

石雕

闻喜县后堡头 1 号民居　柱础石 / 146

河津市樊村堡 1 号民居　柱础石 / 146

垣曲县刘张村张氏民居　南房柱础石 / 146

绛县赵文元宅院　窗台石 / 147

芮城县曹庄范氏民宅　门墩石 / 147

芮城县杜庄杨氏 1 号民居　门墩石 / 147

新绛县蔡宗儒老宅　门楼雕饰 / 148

闻喜县后堡头 2 号民居　门墩石 / 149

盐湖区邵村 1 号民居　门墩石 / 149

新绛县程官庄王氏宅院　院外拴马石 / 150

铁艺

新绛县冯古庄毛氏 3 号宅院　大门铁艺 / 150

【门楹额题】

河津市樊村堡丁世泽老宅　额题／152

稷山县北阳城段氏民宅　角门额题／152

绛县磨里1号民居　石雕额题／153

绛县郭家庄郭氏宅院　角门额题／153

绛县郭家庄郭氏宅院　二门额题／153

芮城县杜庄杨氏1号民宅　楹联额题／154

闻喜县西颜161号民居　门楼额题／155

闻喜县康村4号民居　门楼额题／155

闻喜县东呱底146号民居　门楼额题／156

闻喜县东雷阳郭氏宅院　门楼额题／156

闻喜县巨村雷氏宅院　门楼额题／157

闻喜县巨村雷氏宅院　角门额题／157

闻喜县巨村雷氏宅院　二门额题／158

闻喜县后堡头3号民居　额题／158

新绛县张春登老宅　门楼额题／159

新绛县张春登老宅　二门额题／159

新绛县张春登老宅　走马板题字／159

盐湖区中陈卫氏宅院　门楼额题／159

盐湖区中陈卫氏宅院　北房额题／159

盐湖区邵村1号民居　门楼额题／160

盐湖区邵村2号民居　门楼额题／160

盐湖区姚张1号民居　北房西隔断额题／161

盐湖区姚张1号民居　北房东隔断额题／161

盐湖区姚张1号民居　北房额题／161

盐湖区三路里2号民居　门楼额题／162

盐湖区三路里2号民居　北房额题／162

后记／163

院落集聚

新绛光村民居群

　　光村位于新绛县泽掌镇，是运城市最具特色的古村落之一。其传统民居建筑整体大气、壮观、富丽，同时具有晋南乡村之朴素、简约、典雅。其院落布局为四合院、三合院形式，院落分为一进院、二进院、三进院等。光村古村落除存有30余处明清时期的传统民居外，还有福胜寺（国保），玉皇庙，关帝庙，王家（2座）、赵家（2座）、薛家（1座）、蔺家（3座）8座祠堂及光村新石器时期遗址等各级保护单位32处，文化遗存十分丰富。除民居古建外，其大多古巷仍然保存较好，遗存的砖雕、木雕、石雕等精美而丰富，具有十分重要的价值。

赵氏 1 号宅院

1 | 2 | 3

①外景
②正门门楼
③过门门楼

　　光村赵氏1号宅院为清代建筑，位于新绛县泽掌镇光村西北部。创建人赵熊，清乾隆年间人，在苏、杭二州经营丝绸生意发家，曾捐官四品，该院落为其长子之宅，村民称之为大厅院。东西并列正院、偏院两座，两院相连，现存正院后院、东厢房、西厢房、偏院门楼及前院南房。

▼ 光村民居群局部鸟瞰图

光村赵氏 1 号宅院平面图

0　　7m

1	2		
3	4	5	6
	7	8	

①偏门门楼　　⑤书房院对联
②西厢房　　　⑥偏院门房窗扇
③偏门砖雕　　⑦门墩石
④书房院门楼　⑧过门门楼"为善"格言

蔺氏1号门楼

1	
	2
3	

①门楼
②柱础石
③门墩石

蔺氏2号门楼

▼ 门楼

蔺氏 3 号宅院

　　光村蔺氏 3 号宅院位于新绛县泽掌镇光村西北部，光村小学西南 110 米处，坐北向南，东西长 23.9 米，南北宽 19.9 米，占地面积 476 平方米。据东院北房梁脊板载，建于清乾隆四十五年（1780）。东西并列四合院两座，外观为一整体。东院保存较西院完整。东院北房及东厢房、西厢房均面宽三间，进深二椽，单檐硬山顶，灰布瓦覆盖，三檩无廊式构架，梁上饰大型雕花驼峰，两侧装叉手承接脊檩，檐下通装六抹头隔扇门。南房面宽三间，单坡硬山顶，明间后墙为开院大门，门楣砖雕匾额：衍三多。东次间建砖石结构阁楼一座，楼身五层，通高 16 米，西山墙前檐下辟砖券门通往西院。两院建筑格局基本相同，西院北房已毁，南房东次间另辟大门，门楣匾额：馀庆居。该院落布局规整，结构严谨，对研究晋南古民居建制及格局的发展演变有一定的参考价值。

1	2
3	4

①内景
②外景
③阁楼
④木制神龛

蔺于淳老宅

1	2
3	4
5	6

①内景
②北房
③柱础石
④条阶石
⑤诰封牌
⑥门楼额题

蔺于淳老宅位于新绛县泽掌镇光村东北部东岸巷内，又称旮旯院。坐北向南，南北长25.75米，东西宽13.47米，占地面积346.85平方米。据北房梁脊板载，创建于清嘉庆四年(1799)。四合院式布局，现存北房东半部分和东厢房。北房面宽三间，进深二椽，单檐硬山顶，三檩无廊式构架，檐下平身科三攒，檐椽粗壮，间距较密。灰筒瓦覆盖，正脊为高浮雕莲花图案。前檐下置一长条阶石，上雕狮子、麒麟等瑞兽。明间辟六抹隔扇门(现仅存三扇)，东次间设直棂窗。东厢房六间，北三间体量较大，南三间较小，且在南山墙上辟有二门，门楣砖雕匾额"端详"。北房台阶下留长方形踏步石一条，正面雕"麒麟献瑞"图案。据该院主家谱载，此院曾出过武举人，官至武德左骑尉，故建筑特点与其他民宅略有不同，对研究晋南官宦住宅有一定的参考价值。

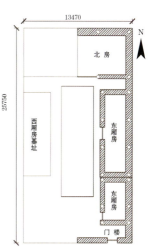

蔺于淳老宅平面图

薛氏3号宅院门楼

▼ 门楼

薛氏4号宅院

①门楼
②门楼楹联
③内景

1	2
3	4
5	6
7	

①②角门额题
③明间隔扇及单门
④厢房窗扇
⑤柱头花雕
⑥柱础石
⑦门楼额题

高氏宅院

1	
2	3

①阁楼及外景
②内景
③柱础石

新绛龙兴镇民居群

　　龙兴镇位于侯马盆地南缘，汾河下游北岸二、三级台地上，北依吕梁山，南隔汾河与峨嵋岭相望。整体地势西北高，东南低，略呈缓坡状。属暖温带半干旱大陆性季风气候，四季分明，气候温和，日照充足，无霜期长。

　　龙兴镇现有人口 5.65 万余人，交通便利，保留了许多不同时期的古代建筑，是中国历史文化名城之一新绛县的重要组成部分。龙兴镇现保存 20 处民居，该民居群落大致布局为长方形四合院，保存较为完整，正房多为悬山式建筑，厢房多为硬山或悬山式建筑，门楼、正房做工考究，木雕、石雕和砖雕工艺精湛，为研究晋南民居提供了翔实的实物资料。

▼ 龙兴镇民居群局部鸟瞰图

安子巷 1 号民居

①外景
②内景

安子巷 3 号民居

安子巷 5 号民居

```
    ┌── 2
 1 ─┤
    └── 3
```

①外景
②门楼
③内景

安子巷 10 号民居

▼ 外景　　　　　　　　　　　　　　　　　　　　　　　　　　▼ 内景

贡院巷 33 号民居

▼ 门楼外景

安子巷 13 号民居

1	①内景
2	②明间木雕

乔家民居

1 ①外景
2 ②内景

①门楼
②门楼楹联
③门楼门墩石
④厢房阑额木雕

1	2
3	
	4

乔家民居为清代建筑，位于新绛县龙兴镇四府街社区仁义路102路，坐北向南，二层阁楼式四合院布局。木雕、石雕精美，工艺独特。

侯选州老宅

1	①外景
2	②内景

木匠巷梁氏宅院

1	①前院西厢房
2	②后院内景

新绛西庄家氏民居群

　　西庄村位于新绛县北张镇，北枕吕梁山支脉马首山，村中地势西北略高，东南略低，大致呈缓坡状。现有村民2780人。因其居北杜坞村西而得名西庄。西庄家氏为古老姓氏，其先祖在春秋时为晋大夫看家，而成家氏。家氏民居群现存7座院落，整体保存较完整，木雕、石雕、砖雕工艺精湛，堪称一绝。2号民居影壁刻有《朱子治家格言》，极为珍贵。家氏民居群为研究晋南民居建制、布局、装饰提供了珍贵的实物资料。

西庄家氏1号宅院

$\dfrac{1}{2}$

①外景
②内景

1	2
3	4

①门楼
②二门门楼
③门墩石
④门楼背部壁画

西庄家氏 2 号宅院

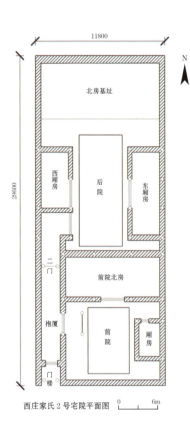

西庄家氏 2 号宅院平面图

①门楼
②内景
③门墩石
④石雕

1	2
3	4

①前院门楼
②《朱子治家格言》影壁
③二门门楼
④前院抱厦

西庄家氏 3 号宅院

1 | 2
　 | 3
　4

①山墙脊刹
②③拴马石
④内景

①门楼
②影壁
③影壁砖雕

```
 1 | 2
-------
   3
```

垣曲上圩坂村民居群

　　上圩坂民居群位于垣曲县古城镇上圩坂村，现有村民700余人。该民居群保存相对完整，砖雕、木雕、石雕精美，门楣额题丰富，为山区民居群落的代表。

▼ 上圩坂民居群局部鸟瞰图

上圪坂村 1 号民居

①门楼　②二门门楼　③内景

1	2
3	
4	

①影壁
②厢房罩门
③④厢房额题

▼ 角门额题

上圪坂村2号民居

1	2
3	4

①门楼
②门楼楹联
③博风板及铁艺
④墀头

上圪坂村 3 号民居

▼ 门楼

万荣李家大院

①外景
②全貌

1
—
2

　　万荣李家大院位于万荣县高村乡闫景村，院落总占地面积 82500 平方米，现存院落 7 座，为清末民初的建筑群，包括道南 1 号、2 号、3 号院，道北 1 号、2 号院，祠堂院，藏书楼（仅存三省台）。李氏家族于明代自陕西韩城相里镇迁居万泉县薛店村，清代乾嘉时期由薛店村迁居闫景村。李氏家族由农业发迹后经营商业，成为商业资本家，后发展成工业资本家。李家大院建筑规模宏大，在院落布局上以北方传统四合院为主，建筑风格除晋南宅院民居风格外，部分院落为欧式风格。建筑用材肥硕，体量宏阔，材料考究，雕刻精细，以石雕、木雕、砖雕著称，为晋南商家民宅的典型代表。

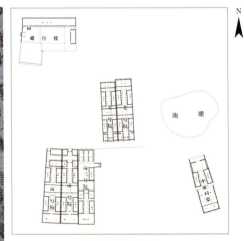

万荣李家大院平面图

李家大院内景

1	①李道荣宅院内景
2	②私塾院北房窑洞

李家大院门楼影壁

```
1 2
  3
```
①道南3号院后院门楼
②大车门
③私塾院牌坊门

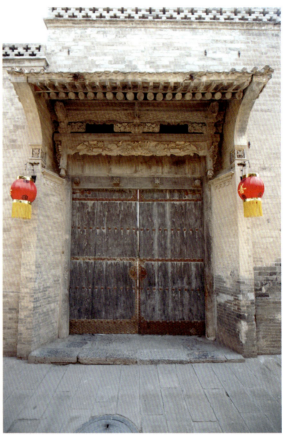

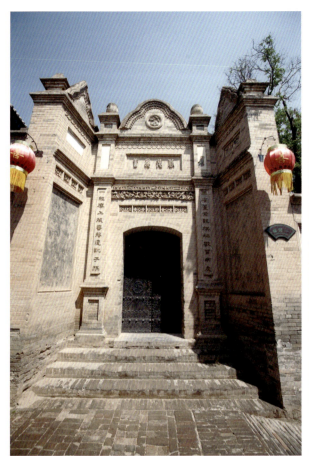

1	2
3	

① 李子用宅院西门哥特式门楼
② 李道升宅院门楼
③ 李家祠堂大门

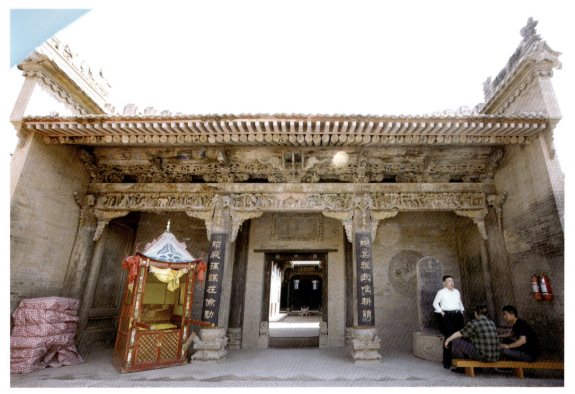

李家大院门楹额题

1	2
3	4
5	
6	

①李道荣宅院门廊石雕廊心墙
②李大佐宅院门楼额题
③李敬仁宅院门楼额题
④私塾院额题
⑤李子用宅院西门哥特式门楼额题
⑥李道荣宅院额题

李家大院精美雕饰

1	3
2	4

①北房明间木雕
②道南院后院门楼木雕
③④墀头

1	2	3
4		
5		6
7		8

①门墩石
②③柱础石
④李家祠堂屋脊
⑤⑥⑦⑧粮仓花墙

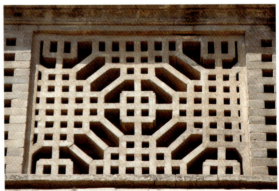

特色民居

河津贺天福老宅

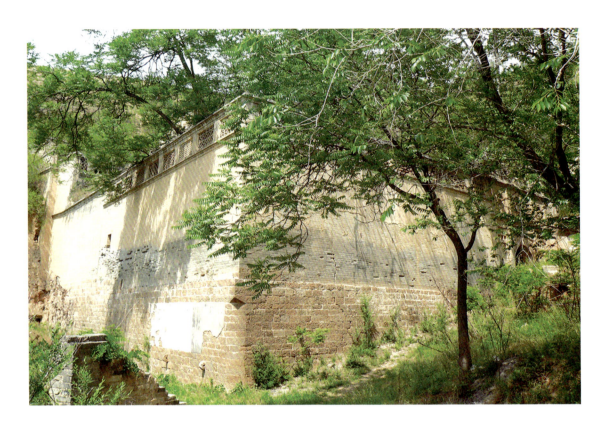

①外景　⑤窗棂
②正院　⑥影壁局部砖雕
③墀头　⑦⑧磨坊
④大门铁艺

　　贺天福老宅位于河津市下化乡陈家岭村木家岭自然村北，坐北朝南，南北长21米，东西宽34米，占地面积714平方米。民国二十四年(1935)贺天福创建，为二进门四合院落。仿木砖雕门楼额枋采用透雕手法，为缠枝花卉和虓虎图案。门楼对面为仿木砖雕结构影壁。进前门向右为二门，拱券形门，设双扇板门；进二门向左为四合院落，是主院落，北面为3孔窑洞，东西两侧皆为砖砌窑洞，每孔窑洞均设双扇板门和花格窗。南房面宽三间，进深二椽，单檐硬山顶，明间设六抹头隔扇门6扇，两次间设四抹头隔扇窗6扇。主院落东侧有偏院，共有7孔窑洞，主要为磨坊、牲圈及下人居住之地。

稷山杨赵罗家大院

杨赵罗家大院总体平面图

杨赵罗家大院位于稷山县稷峰镇杨赵村，现存院落由前院和后院两部分组成，后院建筑主体结构为清代建筑，前院为民国建筑。大院坐北向南，为一个不规则形的串联住宅群。前院由正院和厨院组成，后院已毁。综观全院，院与院、屋与屋相互连通，是晋南晋商大院的代表作之一。

①大院俯瞰全貌
②随墙垂花门楼
③门楼外景
④厨院俯视图
⑤前院院落布局

稷山马跑泉韩氏民宅

```
     1
  ┌──┼──┐
  2 │3 │4
```

①远景
②侧面全景
③三层门楼
④二层门楼

　　马跑泉韩氏民宅为清代建筑，位于稷山县西社镇马家沟村，是一座依地势而建的三层石券窑洞与木构架为一体的阁楼民宅。一层为石券窑洞6孔；二层由前后两部分组成，前半部分为插廊，面宽六间，单坡顶，后半部分为石券窑洞6孔；三层为砖木结构，面宽六间，进深二椽，单檐硬山顶。砖券式门楼。该民居主体结构保持原貌，上下一体，未设楼梯，每层各走各的门，互不相通，形制独特。

稷山北辛庄崔氏民宅

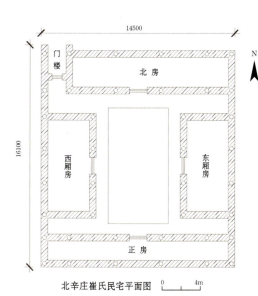

北辛庄崔氏民宅平面图

1		3	4	5
2				6

①外景　④宅院铁门
②内景　⑤影壁
③门楼　⑥柱础石

　　北辛庄崔氏民宅为清代建筑，位于稷山县清河镇北辛庄村，坐南向北。门楼为单檐硬山顶，板门上饰铁艺，门额上嵌"翰墨香"石匾额。西厢房的北山墙上嵌有石质人物山水影壁。天井上方用铁罩防护整个内院，俗称"铁罩院"。整个宅院整体保存完整，结构简练，为当地传统民居中的代表作。

绛县徐庚辛宅院

▲外景　　　　▼内景

	2
1	3
4	5
6 7	8

①门楼
②门楼大门
③门楼额题
④门楼木雕
⑤⑥⑦⑧角门额题

徐庚辛宅院为民国建筑，位于绛县古绛镇南城村东南城自然村，坐北朝南，四合院布局。门楼阑额附有精美木雕，门框石雕阴阳八卦鱼、戏曲人物故事等内容。

绛县柴家坡 2 号民居

①内景
②门楼
③影壁
④脊刹

1	
2	3
4	

　　柴家坡 2 号民居为明
清建筑，位于绛县古绛镇
柴家坡村，坐北朝南，四
合院布局。正房房脊、影
壁砖雕精美。

绛县北牛陈氏宅院

```
 1
───┬───
   │ 3
 2 │ 4
```

①阁楼
②外景
③影壁
④角门额题

　　北牛陈氏宅院为清代建筑，位于绛县古绛镇北牛村，坐南朝北，四合院布局。现仅存两层楼阁，单檐硬山顶，前檐二层悬梁托柱，阑额附有精美木雕，二层置花式栏杆。角门嵌石匾，刻"讲让"二字。

绛县周家庄周氏宅院

▲内景

◀门楼

周家庄周氏宅院平面图

周家庄周氏宅院为清代建筑，位于绛县横水镇周家庄村，坐西向东，四合院布局。中轴线上有正房和东房，两侧是南厢房、北厢房、角门，门楼建在宅院东北角。

绛县聂氏宅院

磨里聂氏宅院为清代建筑，位于绛县磨里镇磨里村，坐北向南，共4孔石窑，平面呈"7"字形。窑洞主体为全石砌造，窑门砖砌，木窗，主房石匾刻记"光裕"、"耕读"。

1	
2	
3	

①②窑洞额题
③宅院院景

绛县吉峪 4 号民居

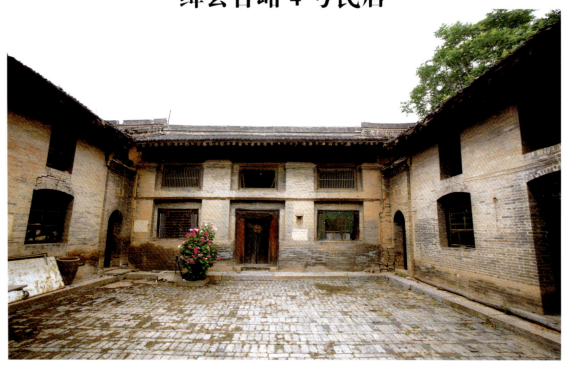

　　吉峪 4 号民居为清代建筑，位于绛县南樊镇吉峪村，坐北朝南，四合院布局，保存完整。北房、东房、南房、西房均石砌台基，面宽三间，进深两椽，三架梁结构，内二层，明间辟门，装对开板门。门楼为砖木结构，前檐具哥特式建筑风格，拱券门上嵌青石质匾额，题刻"攸好德"，门边雕人物、花卉，两侧砖雕楹联：天地无私为善自然获福，圣贤有教修身可以齐家。影壁壁身砖浮雕郑板桥题诗。二门和四角角门上分别置砖雕匾额，题"礼门"、"居仁"、"由义"、"笃敬"、"忠信"。

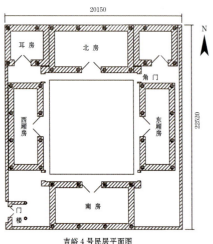

吉峪 4 号民居平面图

① 内景　⑧ 二门
② 门楼　⑨ 影壁
③ 门楼额题
④⑤⑥⑦ 角门额题

绛县槐泉 5 号民居

1	4 6 5	
2	7	
3	8	

①内景　　　⑤石雕影壁
②二门门楼　⑥影壁石雕
③北房罩门局部 ⑦北房明间花雕
④砖雕影壁　⑧窗台石雕

　　槐泉 5 号民居又称靳兆庆宅院，为清代建筑，位于绛县南樊镇槐泉村，坐北朝南，四合院布局，现存北房、南房、东厢房等。木雕、石雕、砖雕内容丰富，工艺精湛。

绛县英雄楼

①正面
②背面
③东厢房
④门楼
⑤额题

```
1 │ 2
──┼──
  │ 4
3 │ 5
```

英雄楼，别名"鸽子楼"，为清代建筑，位于绛县磨里镇磨里村，坐北向南。1946年10月31日，磨里村民兵以鸽子楼为据点，打退阎锡山部队1个营的5次进攻，民兵的战争事迹受到好评，绛县政府因此命名此楼为"英雄楼"。现存鸽子楼、东厢房及角门。英雄楼为砖、石、木质结构，下为石包墙，上为砖包墙，共分四层，顶部面宽三间，进深四椽，单檐硬山顶。

临猗王东顺宅院

①内景
②外景
③北房木雕
④山墙砖雕

王东顺宅院为民国建筑，位于临猗县北辛乡北马村，坐北向南，为四合院布局。北房面宽三间，进深三椽，单檐硬山顶，六檩前廊式结构，有飞椽，前檐及廊下均施斗栱，廊下额枋镂雕"郭子仪拜寿图"。

临猗王万年宅院

①北房
②北房梁架
③柱础石
④补间花栱
⑤明间木雕

```
    1
  ┌─┬──
  │ 2
──┼─┼──
3 │4│ 5
```

　　王万年宅院为民国建筑，位于临猗县北景乡尉庄村，现仅存北房，面宽五间，进深三椽，单檐硬山顶，带插廊。木雕、石雕精美。

平陆岭后地窨院

①全景
②大门
③院内一角
④护墙

2	3
	4
1	

　　岭后地窨院始建于民国，位于平陆县张店镇安沟村岭后自然村东，南北长17.8米，东西宽17.2米，院深7.8米，每面筑窑洞3孔，共12孔。北面中间为主窑洞，进深11.5米，宽3.7米，高3.1米。地窨院崖顶四周分三层砌面，崖面下方近地面0.8米~1米处用青砖砌筑一圈，俗称"砖建"。该建筑为研究我国北方黄土高原民居提供了翔实的依据。

平陆王文平地窨院

▲全景

▲内景

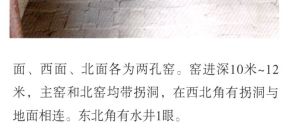

①窑内布局
②拐洞
③生活场景
④水井

王文平地窨院始建于清道光年间，位于平陆县张店镇张店村，占地面积132.25平方米，坐南面北，一进院落布局，南面为3孔窑，东面、西面、北面各为两孔窑。窑进深10米~12米，主窑和北窑均带拐洞，在西北角有拐洞与地面相连。东北角有水井1眼。

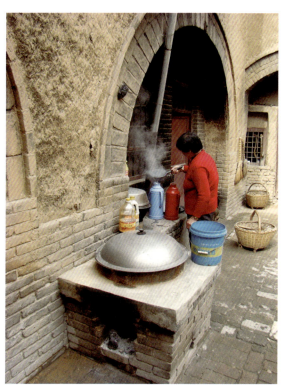

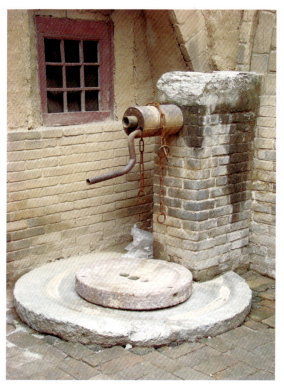

万荣东畅赵氏宅院

▲宅院内景

▲外景

▲门楼背面

	1		①门楼砖雕
2		3	②罩门木雕
			③北房明间花雕
	4		④北房额题

东畅赵氏宅院为清代建筑，位于万荣县通化镇东畅村，坐北朝南，一进式三合院落，有大门、正房、东厢房、西厢房。正房面宽三间，进深三椽，三架梁前出廊，硬山顶，前檐下额枋、平板枋雕刻精美，明间装修施六抹头隔扇门。

闻喜上宽峪 4 号民居

▲西楼全景

　　上宽峪 4 号民居位于闻喜县畖底镇上宽峪村 171 号，创建于民国十八年（1929），坐南朝北。现存建筑有西楼、北房、东房和门楼。西楼面阔五间，一层明间为穿堂，辟六抹四隔扇门；两次间设槛窗；左稍间为过厅，设砖券圆拱门，右稍间为卧室，前檐和侧面设木窗；二层檐廊前设木护栏，当心间和右稍间辟六抹四隔扇门，两次间设六抹四隔扇假门。门楼为拱券顶，门额匾题"州司马"三字。

▶门楼

◀门楼额题

闻喜康村 5 号民居

　　康村 5 号民居始建于清代，位于闻喜县畖底镇康村，俗称雷家大院。坐北朝南，四合院布局，现有北房、角房、东厢房、西厢房、南房和门楼。北房走马板横批额题为"左之宜之"、"立中生正"、"右之有之"。门楼为砖雕仿木结构，门匾额题"履坦吉"。门内砖雕影壁图案为鹿、鹤、桂树等吉祥题材。

$$\frac{1}{2}$$ ①外景 ②内景

```
  1 2 | 4
      |─────
      | 5
  3   |─────
      | 6
      |─────
      | 7
      |─────
      | 8
```

①脊吻　④门楼额题
②脊刹　⑤二门额题
③门楼　⑥⑦⑧角门额题

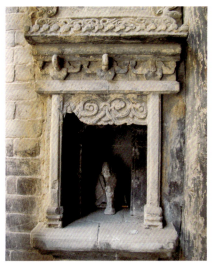

1	2
3	
4	
5	

①影壁
②土地神龛
③北房横批额题（右）
④北房横批额题（中）
⑤北房横批额题（左）

闻喜张鸿飞宅院

1	
2	3
4	

①外景
②门楼木雕
③门楼额题
④门楼石雕

　　张鸿飞宅院位于闻喜县阳隅乡回坑村，创建于清光绪八年（1882），坐北朝南，一进四合院布局，现存南房、北房、西厢房和门楼。门楼为砖石木结构，木雕、石雕精美。东房山墙有精美影壁。

1	2
3	4
	5
6	7

①正房
②正房室内隔断
③影壁
④正房三架梁
⑤正房梁记
⑥神龛
⑦二门额题

闻喜赵邦选宅院

赵邦选宅院为清代建筑,位于闻喜县呱底镇下官张村。四合院布局,现有北楼、南厅、东厢房、西厢房、门楼、角房等建筑。北楼面阔三间,室内以木板作为楼板,分上下两层。门楼分内外两进,内门楼为砖木混构,外门楼为仿木构砖雕屋檐,门边竖立石方柱一对,方柱上刻对联一副。砖雕影壁保存完好,影壁前存石狮一尊。整个宅院临街墙体俱为砖墙,山墙皆为风火墙。

1	2	3
4	5	

①门楼　　④二门额题
②门外楹联　⑤蜇头
③影壁　　⑥内景

6

新绛毓毓秀老宅

1	2	①内景
		②罩门
3	4	③门楼
		④柱头花栱

　　毛毓秀老宅为清代建筑，位于新绛县三泉镇冯古庄村，坐北向南，四合院式布局。正院北房为明三暗五格局，建筑均设木隔层，饰门罩、窗罩。该院落布局合理，结构严谨，木雕精美。解放战争期间（1948—1949）年，该院曾是华北野战军卫生部的休整寓所。

夏县窑泉贾氏宅院

▲ 额题

　　窑泉贾氏宅院位于夏县祁家河乡庙坪村窑泉自然村，坐东面西，为民国时期中西结合风格的建筑。其顶部墙体为瓦片堆叠的图案，东部与北部开设窑洞，内外均为砖砌。北窑天窗上部方额砖刻字"瑞霭云衢"，西壁开一洞门，经洞门进入内窑，内窑底部后壁神龛东侧有一暗道通向二层，与外界相通，是原居民为躲避土匪或战乱而设的。

▼ 内景

名人故居

稷山朱德路居

　　朱德路居位于稷山县清河镇北阳城村。1937年9月6日，朱德总司令率领八路军总部从陕西云阳镇出发，东渡黄河开赴华北前线北上抗日。1937年9月18日，抵驻北阳村，朱总司令夜宿此处。该民居为清代建筑，现存大门、正房及东房。

$\dfrac{1}{2}$

①外景
②内景

临猗傅作义故居

傅作义（1895—1974），字宜生，临猗县安昌村（原属荣河县）人，是一位抗日名将，追求进步的国民党员。1949年，接受和平解放北平的建议。全国解放后，历任政协全国委员会委员、水利部部长、国防委员会副主席、政协全国委员会副主席。1974年4月19日病逝于北京。傅作义故居位于临猗县孙吉镇安昌村，坐北朝南，现有西房三间，土木结构。

　　① 门楼
　　② 西厢房

盐湖程子华故居

程子华（1905—1991），无产阶级革命家，久经考验的忠诚的共产主义战士，山西解县人。1926年加入中国共产党。1949年8月至1951年2月任山西省人民政府主席。1980年4月起任中国盲人聋哑人协会名誉主席。1980年9月增选为政协第五届全国委员会副主席。1982年9月至1992年10月任中共中央顾问委员会常委。1983年6月当选为政协第六届全国委员会副主席。第三届国防委员会委员。中共第七届中央候补委员，第八届、十一届中央委员，中共十二大、十三大相继当选为中央顾问委员会委员、常委。1991年3月30日在北京逝世。程子华故居为清代建筑，位于盐湖区解州镇解州村。

$\dfrac{1}{2}$ ①外景 ②内景

永济李雪峰故居

　　李雪峰（1907—2003），山西永济人，原名张青巽，曾用名张柏枫。1933年加入中国共产党。先后任山西省工委宣传部部长、北平市委书记、太行区党委书记兼太行军区政委等职。新中国成立后，历任中央书记处书记、华北局第一书记兼北京军区第一书记、北京市委第一书记等职。十一届三中全会后任全国政协常委。李雪峰故居位于山西省永济市城西街道办事处任阳村。

▼ 全景

新绛康万十老宅

康万十老宅为清代建筑，位于新绛县龙兴镇四府街社区东街 11 号。原最高人民法院院长、政协副主席任建新曾在此度过自己的童年。

```
 1
 2
 3
```

①外景
②前院
③后院

新绛李通故居

李通，字子中，新绛县泽掌镇程官庄村人，民国十三年（1924）筹资创办了大益纺纱厂，为晋南民族纺织业的发展作出了突出贡献。李通故居位于新绛县泽掌镇程官庄村村委会院内。

1	①西房
2	②东房

临猗朱锡章故居

1	2
3	4
	5

①门楼
②内景
③偏门局部雕饰
④影壁
⑤柱础石

　　朱锡章（1894—1958），字命三。早年随傅作义在绥远供职，建国后曾任临猗县副县长。故居位于临猗县北景乡罗村，四合院布局，坐北向南，有南房、北房、东厢房、西厢房等。门楼木雕龙形"寿"纹及花卉图案，门额有朱命三题匾"还读我书"四字。影壁为山水松竹鹿鹤图。四角边门有猗氏县书法家王益三题"敬慎"、"明强"、"果毅"、"清勤"等匾额。

1	2
3	4
5	6
7	

①北房额题
②南房额题
③④⑤⑥角门额题
⑦门楼额题

平陆张籁老宅

　　张籁，字贯三，山西省平陆县洪池乡西马村人，民国二年（1913）任山西大学教授，民国七年（1918）为山西大学文学院院长，建国后曾任山西省政协常委、省人民政府参议。张籁老宅位于平陆县洪池乡刘湛村，现存北房1座，额题"耕读传家"，为民国建筑。

▼ 北房

绛县陈梦月宅院

陈梦月，绛县陈村人，清代进士，授职黄河管理，治理黄河工程，后被乾隆皇帝升为绍兴道尹，曾奉旨护送暹逻大使至粤，皇封在其故乡修建道公府，赐半朝銮驾，其著作有《荣锡堂稿》。陈梦月宅院为清代建筑，位于绛县陈村镇陈村，坐北朝南，现存门楼及北房。

1	
2	
3	

①外景
②门楼额题
③北房

绛县探花府

探花府为清代建筑，位于绛县横水镇横北村，为乙未科探花乔晋芳府地，坐北朝南。现存建筑有府门、正房、读书院等，砖木结构。书院砖雕门楼上方为扇面石刻劝学诗句，门楼两侧嵌两通长方形石刻行草七言诗碑。

```
1 | 3
  | 4
2
```

①外景
②内景
③读书院门楼
④读书院题记

①门楼木雕
②读书院额题
③读书院二门额题
④偏门额题
⑤⑥⑦⑧柱础石

芮城景耀月故居

　　景耀月（1882—1944），字瑞星，别署秋陆，号太召，清光绪八年（1882）生于芮城县陌南镇，曾任中华民国教育次长，草拟孙中山先生临时大总统就职宣言，参与起草了《中华民国临时约法》、《中华民国临时组织法》。景耀月故居位于芮城县陌南镇寺前村，始建于1923年，现存三进四合院一座。三进院相联相通，院落东西30.5米，南北98.8米，占地面积3013.4平方米。从南至北依次为门厅、前厅、大厅、藏书楼各五间，三座院落各有厅房、耳房、东厢房、西厢房，共计80间。厅房、厢房、耳房均为单檐硬山顶，前檐墀头盘头上均饰砖雕人物故事、花卉、吉祥动物等图案，共计90幅。门厅抱鼓石及大厅、藏书楼的柱础石雕、垂花门木雕，均出自本县名师史可鉴之手。景耀月故居为运城市级文物保护单位。

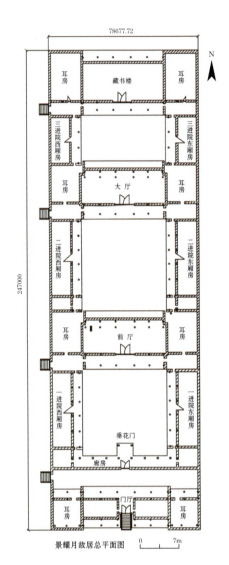

景耀月故居总平面图

▼ 大院全景

①大门全景
②一进院正房
③二进院正房
④三进院正房插廊
⑤三进院后墙

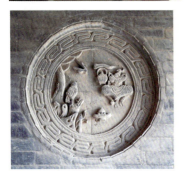

1	2	3
4	5	6
7		8
9		

①②③④⑤墀头
⑥门墩石
⑦⑧柱头花栱
⑨石雕

垣曲裴丽生故居

裴丽生（1906—2000），曾任太原市人民政府第一任市长、山西省省长、中国科协主席等职，后又被任命为国家科委党组成员、中国科协党组书记、国家科委纪律检查委员会书记，对我国的科学发展作出了重要贡献。裴丽生故居位于垣曲县古城镇峪子村，坐北朝南，单体建筑，前廊后窑洞形制，面阔五间。

▼ 全景

闻喜崔斗臣故居

▼ 老宅北房

崔斗臣（1892—1960），名盈科，闻喜县陈家庄人，著名的"河东三臣"之一。建国后任山西省文教厅副厅长，兼任山西省文物管理委员会主任、山西省文史研究馆馆长。崔斗臣故居位于闻喜县郭家庄镇陈家庄村，此院是崔斗臣同志1927年以前的主要住所。

闻喜王必友故居

　　王必有是清末民初的闻喜银行家，生卒年不详，他创建的"金源合"钱庄，是民国期间山西金融界具有举足轻重地位的钱庄之一。王必有故居位于闻喜县阳隅乡回坑村，故居坐西朝东，原有呈"L"排列的东、西、南三个院落，皆为四合院布局，现存东院及南院西窑洞和北厢房。东院据梁记创建于民国十三年（1924），现存西房、南厢房、北厢房和门楼、影壁。西房面阔五间，进深二椽，硬山顶；南厢房、北厢房均面阔三间，进深二椽，硬山顶；门楼、影壁为砖木结构，砖雕、木刻精美。王必有故居不仅对研究民国初期闻喜北垣传统民居有重要价值，而且为研究晋商文化提供了重要的实物资料。

1
2

①门楼
②东院全景

1	2
3	4
5	6

①二门额题
②影壁
③门楼木雕
④门楼背面局部
⑤⑥角门额题

盐湖李岐山故居

李岐山（1879—1920），又名凤鸣，运城西曲马村人。清末秀才，山西辛亥革命的骨干人物，1920年被陕西督军陈树藩杀害。李岐山故居位于盐湖区北相镇西曲马村。

1	①门楼
2	②东房

永济阎敬铭别墅

阎敬铭（1817—1892），字丹初，号约斋，陕西朝邑人，清道光二十五年（1845）年进士，官至户部尚书、军机大臣、总理衙门行走、东阁大学士。辞官后，徙居永济。阎敬铭别墅又名王官别墅，位于永济市虞乡镇楼上村。

1
2
3

①大门
②内景
③套院

永济孟时芳宅院

孟时芳，明万历二十六年（1598）进士，历官翰林庶吉士掌院、国子监司业、詹事府詹事，官至南京礼部尚书，因魏忠贤专权归乡，入清后几度为官。孟时芳宅院现存建筑为清代风格，位于永济市城西街道办事处太峪口村。

①大门
②过厅
③后院

门楼影壁

河津北方平 2 号民居

```
        1
      ┌───┐
      2 │ 3
      └───┘
```
①门楼全景
②"福"字砖雕影壁
③"喜"字楹联影壁

　　北方平 2 号民居为清代民居，位于河津市僧楼镇北方平村蔡家巷，坐南朝北，三合院布局。现仅存门楼、南房、西房。门楼檐下有斗栱三攒，单檐硬山顶，布灰筒板瓦屋面。门楼左侧有影壁两座：一为"福"字砖雕影壁；一为"喜"字楹联影壁，楹联内容为：作事惟勤有获，持家从俭足风。

河津北方平 3 号民居

北方平 3 号民居为清代建筑，位于河津市僧楼镇北方平村中，坐北朝南，四合院布局，现仅存南房和门楼。南房面宽三间，进深三椽，单檐硬山顶，灰布筒瓦屋面。门楼为砖雕仿木结构，匾额为石雕"大夫第"，额枋下雕有垂莲柱、花卉和人物。檐下设一斗三升斗栱。

①门楼正面
②门楼背面
③门楼砖雕垂莲柱
④门楼额题

1	2
3	4

河津樊村堡 2 号民居

▼门楼

稷山南翟黄氏宅院

①门楼
②柱头花栱
③墀头
④门楼花雕

```
   2
1 |---
   3
-----
   4
```

南翟黄氏民宅为清代建筑，位于稷山县翟店镇南翟村，坐北向南，一进院落布局，仅存门楼和西厢房。门楼单檐硬山顶，顶部为阁楼。前后檐下施五踩重昂斗栱，额枋、垫木上高浮雕寿星、凤凰戏牡丹、熏炉等图案。墀头施飞马、麒麟送子等砖雕。

稷山秦家庄杜氏宅院车门

$$\frac{1}{2}$$ ①车门门楼
②门楼东山墙

　　秦家庄杜氏宅院门楼为清代建筑，位于稷山县清河镇秦家庄村，为一座二层阁楼式建筑，面宽一间，进深二椽，单檐硬山顶。屋内顶部设阁楼，前后施廊并设木质护栏。一层中辟南北向砖券门洞，东山墙外砖砌台阶，可登达二层。

稷山坞堆王氏民宅 2 号院

1	2
3	4
	5

①门楼
②门楼背面
③麒麟影壁
④门楼木雕
⑤柱础石

稷山宁其聪民宅

▼ 主院"福禄寿"砖雕影壁

稷山任廷杰民宅

1	2
3	4

①门楼
②埠墙影壁
③大门铁艺
④门楼檐下木雕

绛县郭家庄 3 号民居

①门楼
②门楼廊心墙石雕
③门楼木雕

绛县南官庄 1 号民居

▼影壁

绛县李得春宅院

▼影壁

绛县郝培元宅院

▼ 影壁

绛县高文元宅院

▼ 门楼

绛县下柏村高氏宅院

▼影壁

绛县贾宗润宅院

▼ 门楼影壁

绛县东吴壁张氏宅院

▼门楼

▼影壁

临猗朱枫宸宅院

▼门楼

临猗王仁堂宅院

1 | ①门楼
--- |
2 | ②外景

万荣张瓮李家村李氏宅院

```
      ┌─ 1
      └───
        2
```

①门楼砖雕
②门楼

万荣西解张氏宅院

```
 1 | 2
 ───┼───
    3
```

①门楼
②门楼砖雕
③门楼正脊

闻喜东雷阳景氏宅院

```
  │ 2
1 ├──
  │ 3
──┼──┬──
4 │ 5│ 6
  │  ├──
     │ 7
```

①门楼　　　　④砖雕琴
②门楼石雕额题　⑤砖雕棋
③砖雕影壁　　　⑥砖雕书
　　　　　　　　⑦砖雕画

闻喜康村 2 号民居

1	2	①门楼
	3	②门楼额题
	4	③门楼额题
		④门楼雕饰

闻喜西雷阳 2 号民居

①门楼
②门楼楹联
③门框顶部石雕八卦图
④门楼阑额八仙图

闻喜西颜 112 号民居

▼ 门楼

闻喜下官张 79 号民居

▼ 门楼

闻喜小马村 2 号民居

①门楼
②门楼雕饰

闻喜岳原 1 号民居

①门楼
②门楼垂花
③门楼上部雕饰

　　岳原 1 号民居为清代建筑，位于闻喜县薛店镇岳原村中。该民居的门楼在风火墙上砖砌而成，砖木混构，檐枋下饰透雕木刻和垂柱，门额匾题"凝瑞"二字，门框为石条砌筑。

闻喜官张赵氏宅院

▼影壁

闻喜冯辉宅院

◀影壁

新绛辛安韩氏 3 号宅院

▼门楼

▼影壁

新绛王言老宅

1		①门楼
	2	②门墩石狮
3		③影壁

新绛下院王氏 1 号宅院

1	2	
3	4	5
6	7	

①门楼
②宅院影壁
③④⑤⑥门框石雕
⑦柱础石

新绛王廷秀老宅

1 | 2
3

①门楼
②影壁
③影壁局部雕饰

新绛王作楫老宅

①门楼
②影壁
③门楼墀墙影壁
④门框顶部八卦图

新绛刘峪张氏 1 号宅院

1 | 2 ①门楼
②影壁

新绛张春登老宅

1 | 2 ①门楼
②门楼木雕

新绛樊村段氏 2 号宅院

▼ 门楼

新绛南社王氏宅院

①门楼
②门楼农耕木雕
③门墩石
④门楼后檐走马板
　"俭"字格言

盐湖三路里殷氏宅院

```
1│2    ①门楼
       ②门楼额题
```

垣曲谭家村 1 号民居

```
1│2    ①门楼
       ②影壁
```

垣曲西沟村 2 号民居

▼ 门楼

垣曲东石家宅院

①门楼
②影壁

垣曲前青村 3 号民居

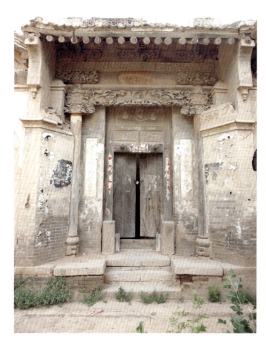

①门楼
②门楼木雕

垣曲西沟村 3 号民居

▼ 门楼

精美雕饰

砖雕

▼ 河津市樊村堡 11 号民居　门楼雕饰

①河津市樊村堡1号民居 影壁砖雕花卉
②稷山县北阳城段氏民宅1号院 土地神龛
③芮城县杜庄村杨氏2号民居 土地神龛

1	2
3	4

①闻喜县后堡头3号民居　土地神龛

②闻喜县巨村雷氏宅院　土地神龛

③新绛县宁采芸老宅　土地神龛

④新绛县辛安韩氏3号宅院　土地神龛

木雕

①盐湖区东郭葛氏宅院 罩门
②河津市樊村堡1号民居 补间象头栱
③绛县赵文元宅院 南房门窗隔扇

```
 | 2
1|——
 | 3
```

▼ 稷山县宁其聪民宅 正房明间隔扇和罩门

$$\frac{1}{\frac{2}{3}}$$

①新绛县樊村段氏 3 号宅院　门楼木雕
②新绛县冯古庄毛氏 3 号宅院　门楼木雕
③新绛县冯古庄毛氏 3 号宅院 "鼎盛平安"
　木雕

①芮城县曹庄范氏民宅　门楼木雕
②③闻喜县后堡头 2 号民居　木雕

1	2
3	4
5	

①②③④⑤闻喜县后堡头1号民居 木雕

石雕

1	2
3	4

①闻喜县后堡头 1 号民居　柱础石
②河津市樊村堡 1 号民居　柱础石
③④垣曲县刘张村张氏民居　南房柱础石

①②绛县赵文元宅院 窗台石

③芮城县曹庄范氏民宅 门墩石

④芮城县杜庄杨氏 1 号民居 门墩石

▼ 新绛县蔡宗儒老宅　门楼雕饰

1	2
3	

①②闻喜县后堡头 2 号民居　门墩石
③盐湖区邵村 1 号民居　门墩石

▼ 新绛县程官庄王氏宅院　院外拴马石

铁艺

▼ 新绛县冯古庄毛氏 3 号宅院　大门铁艺

门楣额题

瑞气盈门

①河津市樊村堡丁世泽老宅 额题
②③④⑤稷山县北阳城段氏民宅 角门额题

1	
2	3
4	

①绛县磨里1号民居 石雕额题
②③绛县郭家庄郭氏宅院 角门额题
④绛县郭家庄郭氏宅院 二门额题

▼ 芮城县杜庄杨氏 1 号民宅 楹联额题

1
—
2

①闻喜县西颜161号民居 门楼额题
②闻喜县康村4号民居 门楼额题

1　①闻喜县东呱底146号民居　门楼额题
——　②闻喜县东雷阳郭氏宅院　门楼额题
2

```
1
2 3
4 5
```
①闻喜县巨村雷氏宅院 门楼额题
②③④⑤闻喜县巨村雷氏宅院 角门额题

①闻喜县巨村雷氏宅院　二门额题
②闻喜县后堡头 3 号民居　额题

1	2
3	
4	
5	

①新绛县张春登老宅　门楼额题
②新绛县张春登老宅　二门额题
③新绛县张春登老宅　走马板题字
④盐湖区中陈卫氏宅院　门楼额题
⑤盐湖区中陈卫氏宅院　北房额题

1
2

①盐湖区邵村1号民居　门楼额题
②盐湖区邵村2号民居　门楼额题

1	①盐湖区姚张 1 号民居　北房西隔断额题
2	②盐湖区姚张 1 号民居　北房东隔断额题
3	③盐湖区姚张 1 号民居　北房额题

1 　①盐湖区三路里2号民居　门楼额题

2 　②盐湖区三路里2号民居　北房额题

后 记

HOUJI

　　《运城民居》最初向山西省文物局报告的题目是《河东民居》,在具体工作开始后,我们编纂组经过充分讨论,认为叫《运城民居》对于本书更准确、更科学。在地域名称上,古河东应包括现在山西省霍州以南的今运城、临汾所辖的地望,虽然中心在运城一带,但严格的河东作为地名,各时期多有歧义,而本书辑录介绍的民居只限于现山西省运城市所辖范围,故以《运城民居》为名,准确恰当。

　　《运城民居》一书的编著是对运城市第三次全国文物普查工作后有关民居内容的一个总结,倾注了"三普"人的辛勤汗水。运城市文物局副局长李红霞负责本书的策划统筹工作,具体工作由运城市文物工作站承担,钟龙刚统筹该书的编著工作,段建设、薛野、王换鸽、石忠、李金霞、李增祥、张力中等均参与编写或做了其他具体工作。

　　《运城民居》一书得以编著完成,首先要感谢山西省第三次全国文物普查办公室的高度重视,同时要感谢省、市、县"三普"工作者,没有山西省第三次全国文物普查办公室的支持及"三普"工作者所做的基本工作,该书就不可能编著成功。在编著过程中,山西省古建筑保护研究所任毅敏先生给予了具体指导,运城市奥西快印对图片进行了整理,各县(市、区)文物局给予了大力支持,在此一并表示感谢。

　　由于水平和时间所限,我们把该书定位在资料总结、初步研究,然仍不免有所疏误,恳请读者批评指正,并希望通过此书,有更多的专家、学者关注传统民居、保护民居,使传统文化更放光彩。

2011 年 7 月

图书在版编目（CIP）数据

运城民居／钟龙刚主编. --太原：三晋出版社，
2011.10

（山西省第三次全国文物普查丛书）

ISBN 978-7-5457-0431-0

Ⅰ.①运… Ⅱ.①钟… Ⅲ.①民居—建筑艺术—运城
市 Ⅳ.①TU241.5

中国版本图书馆CIP数据核字（2011）第204552号

运城民居

主　　　编：钟龙刚

责任编辑：张继红

助理编辑：秦艳兰

装帧设计：冀建海　郭智勤

责任印制：李佳音

出 版 者：山西出版传媒集团·三晋出版社（原山西古籍出版社）

地　　　址：太原市建设南路21号

邮　　　编：030012

电　　　话：0351-4922268（发行中心）

　　　　　　0351-4956036（综合办）

　　　　　　0351-4922203（印制部）

E－mail：sj@sxpmg.com

网　　　址：http://sjs.sxpmg.com

经 销 者：新华书店

承 印 者：山西臣功印刷包装有限公司

开　　　本：889 mm×1194 mm　1／16

印　　　张：11.5

字　　　数：150千字

版　　　次：2011年10月 第1版

印　　　次：2011年10月 第1次印刷

书　　　号：ISBN 978-7-5457-0431-0

定　　　价：268.00 元